十大牛病
诊断及防控图谱

郭爱珍 主编

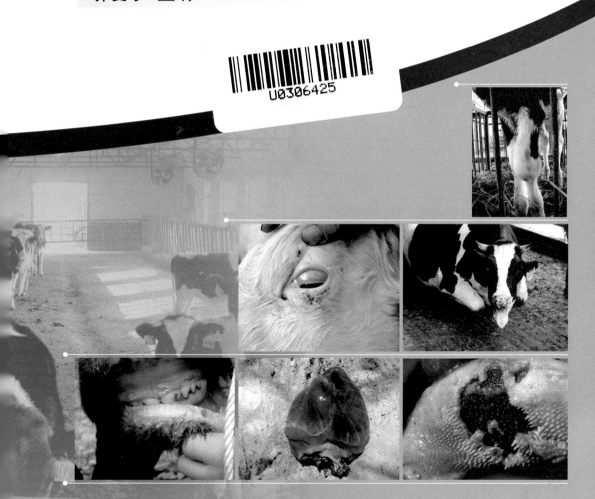

中国农业科学技术出版社

图书在版编目（CIP）数据

十大牛病诊断及防控图谱/郭爱珍主编.—北京：中国农业科学技术
出版社，2014.2
ISBN 978-7-5116-1486-5

Ⅰ.①十… Ⅱ.①郭… Ⅲ.①牛病–诊疗–图谱 Ⅳ.①S858.23-64

中国版本图书馆CIP数据核字（2013）第298437号

责任编辑	闫庆健　李冠桥
责任校对	贾晓红

出 版 者	中国农业科学技术出版社
	北京市中关村南大街12号　　邮编：100081
电　　话	(010)82106632（编辑室）　　(010)82109704（发行部）
	(010)82109709（读者服务部）
传　　真	(010)82106625
网　　址	http://www.castp.cn
经 销 商	各地新华书店
印 刷 者	北京昌联印刷有限公司
开　　本	710mm×1 000mm　1/16
印　　张	3.75
字　　数	71千字
版　　次	2014年2月第1版　2014年2月第1次印刷
定　　价	18.00元

主编简介

郭爱珍，女，1965 年出生，湖南省沅江人。博士，美国宾夕法尼亚大学博士后，华中农业大学教授、硕士生及博士生导师。全国动物防疫专家委员会结核布病组副组长和规模化养殖场动物疫病净化评估认证专家，中国畜牧兽医学会家畜传染病学分会常务理事，中国奶业协会动物卫生保健专业委员会副主任，肉牛 / 牦牛产业技术体系疾病控制功能研究室主任与岗位科学家，享受湖北省政府专项津贴。主要从事牛病防控技术和理论研究，"十一五"以来先后主持和参加了农业公益性行业科研专项（首席）、973 课题和国家自然基金等 30 多个国家及部省级项目，研发了多种牛结核诊断技术和产品，确定结核分枝杆菌对牛的致病作用；率先确定我国肉牛发生牛支原体肺炎，完成了多株牛支原体基因组测序工作，研发了牛支原体弱毒疫苗；构建了牛传染性鼻气管炎病毒多基因缺失疫苗；发表论文 175 篇；其中，SCI 收录 41 篇；主持参编专著和教材 17 部，其中，主编 2 部、副主编 2 部；申请专利 18 项，其中，获授权 8 项；制定了动物防疫地方标准 3 个，国家标准 3 个；获新兽药证书 2 项；获湖北省技术发明二等奖等多项部省级奖励。

前　言

随着人民生活水平的逐步提高，牛奶及牛肉制品需求量逐年攀升，牛的饲养量越来越大，牛病成为影响养牛业健康发展的障碍。编者根据近年来牛病临床诊疗经历，选择了严重影响养牛业健康发展的十大牛病（牛口蹄疫、牛结核、布鲁氏菌病、牛流行热、乳腺炎、牛支原体肺炎、产气荚膜梭菌病、牛传染性鼻气管炎、牛病毒性腹泻—黏膜病、血孢子虫病）作为本书内容，意图通过临床症状、剖检变化、临床实践和病例对照等不同侧面的展示，勾画出疾病的本质特征，为快速准确有效的诊断、预防、治疗和控制这些牛病提供参考依据。本书可以作为牛场技术人员、畜牧兽医工作者以及大中专院校师生进行牛病防控的工具书。由于编写时间较短，牛病典型的临床照片及病例资料收集相对困难，难免挂一漏万，恳请各位读者批评指正，以便再版时完善。

目　　录

一、牛口蹄疫

（一）临床症状

病牛体温升高达 40～41℃，精神沉郁，食欲降低，采食咀嚼困难，流涎，涎多时呈白色泡沫挂满口角、并呈长线状流至地面，产奶量急剧降低，跛行。在唇内面、齿龈、舌面、乳头表皮、趾间及蹄冠部柔软皮肤上形成大小不等水疱，进而破溃、形成溃疡、糜烂和结痂。患病成年牛一般良性经过，2 周左右自愈。患病犊牛水疱症状不明显，但表现出血性肠炎和心肌炎症状，病死率高。

（二）剖检变化

除口腔和蹄部可见水疱和烂斑外，在食道、前胃黏膜、咽喉、气管和支气管等部位也出现水疱、溃疡或烂斑；真胃和肠黏膜有出血性炎症；心包积液，心外膜出血，心肌松软，心肌表面和切面出现灰白或淡黄条纹，俗称"虎斑心"。

（三）临床实践

牛口蹄疫发病急、传播快、发病率高；全身症状重，发烧，多部位有明显水疱类病变；虽然全年可发病，以冬春多发；仔细观察容易与口炎、牛流行热等病相区别。口炎病变主要局限在口腔，牛流行热在夏天发病，且呼吸道症状明显，有关节炎症状。

（四）病例对照

可用 4 组图片说明：图 1-1 至图 1-4 为全身症状，最先出现和最先观察到，表现为呆立、流涎，食欲降低，犊牛突然死亡；图 1-5 至图 1-10 为口腔病变，包括舌面、齿龈、唇不同程度和不同病程的溃疡和烂斑；图 1-11 至图 1-13 为乳头和蹄部的水疱和溃疡病变，后期导致蹄匣脱落；图 1-14 为心脏病变，包括心外膜出血和变性心肌呈灰白色，俗称"虎斑心"。

图1-1　肉牛呆立闭口流涎

图1-2　奶牛呆立闭口流涎

图1-3　食槽落满涎液

图1-4　犊牛突然死亡

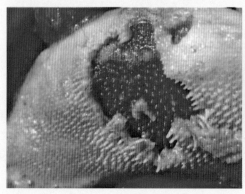

图1-5　舌面局部新鲜烂斑

图1-6　舌面大面积溃疡

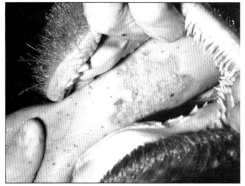

图1-7　舌面溃疡开始愈合

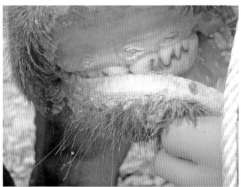

图1-8　齿龈烂斑

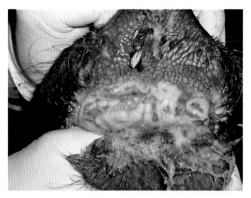

图1-9　齿龈烂斑开始愈合

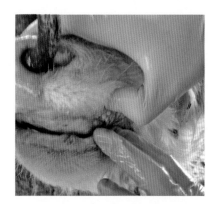

图1-10　牛唇外侧烂斑

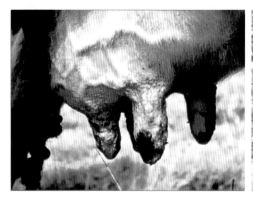

图1-11　乳头皮肤出现水疱和烂斑

图1-12　蹄叉糜烂

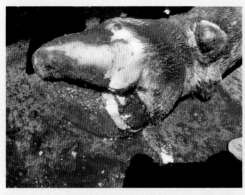
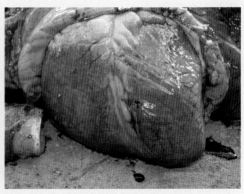

图1-13　蹄踵部皮肤溃疡，蹄壳与皮肤分离　图1-14　心外膜出血，心肌松软，红色肌肉
　　　　　　　　　　　　　　　　　　　　　　　　　　　嵌有白色变性区，俗称"虎斑心"

（五）防控措施

1. 疫苗接种是防控该病的最有效措施

口蹄疫病毒种类多，常见的有O型、亚洲Ⅰ型和A型，各型又派生出不同亚型与毒株，疫苗免疫应与流行毒株相匹配。免疫后必须给牛佩戴免疫标识，建立完整的免疫档案。免疫密度要求100%，免疫后应做血清抗体监测，群体免疫抗体合格率应在70%以上。口蹄疫疫苗免疫期一般为半年，具体时间参照产品说明书。

2. 引牛

运输应激是诱发口蹄疫的重要因素，引牛前必须查验免疫文件，确保牛进行了疫苗接种、血清抗体合格并处于免疫保护期内。

3. 发生疫情后

应按国家《口蹄疫防控技术规范》，以"早、快、严、小"为原则，按规定依法执行隔离、封锁、扑杀、消毒、紧急免疫等措施，力求把疫情控制在最小范围内消灭，避免疫情扩散，将损失降到最低。

4. 口蹄疫疫情解除的条件

疫点内最后1头病畜死亡或扑杀后连续观察至少14天，没有新发病例；疫区、受威胁区紧急免疫接种完成；疫点经终末消毒；疫情监测阴性。

二、牛结核

（一）临床症状

牛结核是由牛分枝杆菌引起的一种慢性消耗性人兽共患病，临床症状不明显且不典型，难以识别。严重时可表现为进行性消瘦。其他症状依据牛分枝杆菌侵袭的病位而变，患肺结核病牛病初干咳，后变为湿性咳嗽；肠结核患牛多表现为便秘与下痢交替出现或顽固性下痢；患淋巴结核牛的淋巴结肿胀，触摸时质地硬而凹凸不平，常见于下颌、咽、颈及腹股沟等部位的淋巴结；乳房结核时泌乳减少或停止，乳房中形成肿块，严重者乳腺肿大变硬。

（二）剖检变化

在肺脏或其他被侵害的组织器官形成粟粒大至豌豆大、半透明状结核结节，结节内可能是化脓灶或干酪样坏死灶。在胸膜和腹膜的结节密集状似珍珠，俗称"珍珠病"。病程长的患牛，结节发生钙化，或脓液吸收后形成空洞。

（三）临床实践

牛结核病临床症状不明显，由于该病可传染给人导致人结核，我国和世界各国都采取"检疫—扑杀"政策控制牛结核病，利用牛结核菌素皮内变态反应试验（简称"皮试"）进行检测，阳性牛表明感染了牛分枝杆菌，但不一定表现出临床症状，也不一定产生结核结节等典型病理变化。一些新型实验室检测方法如 γ 干扰素检测法、血清抗体检测法（ELISA 和胶体金试纸条）等方法操作时简单、快速、省时、省力，越来越多地用于辅助诊断。

进行牛结核菌素皮内变态反应试验时，应注意如下事项。

① 看清产品标签标识，按照要求稀释至所需结核菌素的工作浓度。

② 剃毛后，在剃毛区中央量皮皱厚。

③ 用 75% 酒精消毒术部后，左手捏起皮肤，右手持针管在量皮厚同一点进行注射。考虑到牛皮的厚薄差异，一定将针头与皮肤成 30°~45° 角斜刺入皮内，保证药液缓慢注入表皮与真皮之间，以局部形成丘疹状隆起为注射成功。

④ 72 小时后在同一部位测量皮皱厚，记录，计算皮皱厚增加值，除 2 后得皮厚增加值。按照我国《牛结核病防治技术规范》，皮厚增加 4 毫米判为阳性，2 ~ 4 毫米判为可疑，小于 2 毫米判为阴性。

⑤ 量皮厚时，卡尺应松紧适宜，最好由同一人量皮厚，以减少测量误差。

⑥ 如果怀疑非结核分枝杆菌感染，可作比较皮试，即在同侧颈部相距 15 厘米的 2 个点，一个点作牛结核菌素皮试，另一个点作禽结核菌素皮试，计算两种结核菌素导致的皮厚增加值的差，按以上标准判断结果。

（四）病例对照

图 2-1 至图 2-7 表示皮试检测相关图片，描述了皮试检测的基本操作与注意事项；图 2-8 至图 2-11 表示不同病程肺部不同程度的结核病变；图 2-12 至图 2-14 表示肺外组织的结核结节病变。

图 2-1　剃毛

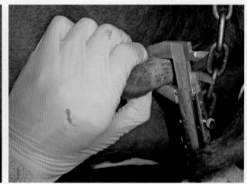

图 2-2　量皮厚

图 2-3　斜进针注射结核菌素

图 2-4　结核菌素皮内注射成功后，注射部位出现隆起

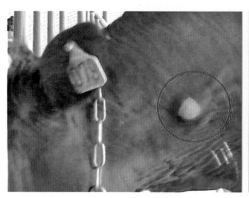

图 2-5　牛结核阳性牛，注射部位出现明显肿大

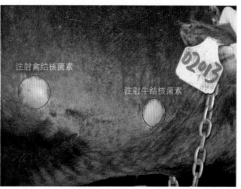

图 2-6　牛结核比较皮试检测，在相距 15 厘米的两个部位分别注射牛结核菌素与禽结核菌素

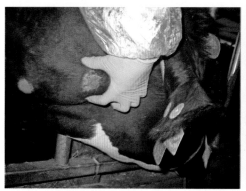

图 2-7　牛结核比较皮试检测：牛结核菌素检测为阳性反应，表现为注射部位皮肤溃烂；禽结核菌素检测为阴性

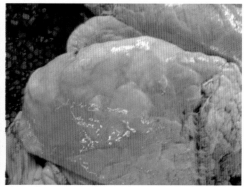

图 2-8　肺表面出现灰白色化脓灶

图 2-9　肺结核结节内充满灰白色脓汁

图 2-10　肺表面有大量黄色化脓灶

图 2-11　肺部结核结节内的干酪样坏死物　　　图 2-12　肋膜上的结核结节内

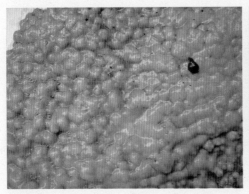

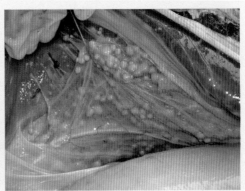

图 2-13　胸膜上的结核结节呈"珍珠状"　　　图 2-14　腹膜上的"珍珠状"结核结节

（五）防控措施

1. 国家牛结核控制计划

牛结核属于重大疫病，也是"国家中长期动物疫病防治规划（2012—2020年）"重点控制的16种病之一，牛结核防治的考核目标如下表所示。

表　国家牛结核防治计划

"国家中长期动物疫病防治规划（2012-2020年）"牛结核防治考核指标

疫　病	到 2015 年	到 2020 年
奶牛结核病	北京、天津、上海、江苏 4 个省（市）达到净化标准；其他区域达到控制标准	北京、天津、上海、江苏 4 个省（市）维持净化标准；浙江、山东、广东 3 个省达到净化标准；其余区域达到控制标准

2. 牛结核防控措施

由于牛结核的人兽共患特征，我国和世界各国均主要采取"检疫—扑杀"、移动控制和环境消毒等综合措施进行控制和净化，不免疫，不治疗。

牛群只能从洁净区向污染区移动、低疫情地区向高疫情地区流动。牛只必须经检疫无病（无感染）后方可引入和并群。引牛检疫包括在产地出售前1月检疫无病和引入后隔离1月检疫无病。牛群结核病检疫主要依靠牛结核菌素皮试检测，如果有条件的话，可借鉴欧、美发达国家的经验，用牛结核 IFN-γ 检测法或抗体检测法进行辅助检测，以提高灵敏性和特异性和检测效率。检测基本程序有两种，一种为平行检测，另一种为系列检测。

（1）平行检测

用牛结核菌素皮试检测初筛，用牛结核 IFN-γ 检测法或抗体检测法复检阳性牛，淘汰双阳性牛（图2-15）。该方法的优点是避免淘汰假阳性牛，节省成本；缺点是可能保留一些假阴性牛，增加群体净化时间。

（2）系列检测

用牛结核菌素皮试检测初筛，用牛结核 IFN-γ 检测法或抗体检测法复检阴性牛，淘汰所有单阳性牛（图2-16）。该方法的优点是避免保留假阴性牛，缩短群体净化时间；缺点是可能淘汰假阳性牛，增加淘汰成本。

严格执行消毒措施，饲养用具每月定期消毒1次，检出病牛时，需进行隔离和消毒。由于牛结核病是人兽共患病，在检疫和扑杀过程中，应注意个人防护，如戴口罩、手套，穿工作服等。此外，工作后需进行个人消毒，废弃物须经消毒和无害化处理后方可按规定要求丢弃。

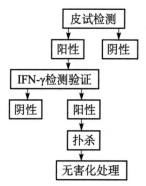

图 2-15　牛结核平行检测示意图

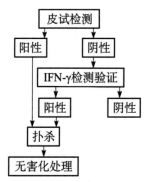

图 2-16　牛结核系列检测示意图

三、布鲁氏菌病

（一）临床症状

牛布鲁氏菌病简称"布病"，是由布鲁氏菌引起的牛的急性或慢性传染病，人兽共患，以流产、不孕不育为主要临床症状。母牛流产以妊娠后 7 ～ 8 个月多发，流产率由高至低依次为妊娠后 6 个月、5 个月、4 个月和 9 个月。流产后可能发生胎衣滞留和生殖道炎症，从阴道流出灰白色黏性、恶臭的分泌物。有的牛布病流产后伴发子宫内膜炎或乳房炎，持续 2~3 周。公牛常发生睾丸炎、附睾炎或关节炎。

（二）剖检变化

剖检病变主要在妊娠母牛的子宫与胎膜及胎儿，子宫绒毛膜因充血呈紫红色，伴有污灰色或黄色无气味的胶样渗出物；胎膜水肿而肥厚。流产胎儿全身多个器官出现败血症变化，胃肠和膀胱的浆膜下可见点状或线状出血，脾与淋巴结肿大。公牛主要发生坏死性睾丸炎或附睾炎，睾丸肿大，切面可见到坏死灶或化脓灶。

（三）临床实践

在布鲁氏菌新感染牛群中，大多数母牛都会发生一次流产。已流产过的母牛再次流产的时间一般比第一次流产的时间晚，有的病牛虽然自愈，但可能出现不孕症。如在牛群中不断引进新牛，则疫情可能持续更长时间。流产过的母牛可能正常产犊，疫情好像停止，但带菌排菌，感染新引入牛；若牛群不断进行更新，则可能在新引入的易感牛增多情况下发生大批量流产。利用虎红平板试验或全乳环状试验结合临床症状和流行病学可进行初步诊断。

（四）病例对照

图 3-1 至图 3-4 主要展示母牛流产后的阴道分泌物种类，流产继发子宫内膜炎时可出现大量恶露；图 3-5 至图 3-6 为不同胎龄的流产胎儿；图 3-7 至图 3-8

为布鲁氏菌病的检测方法，其中，虎红平板试验是将带有红色染料（虎红）的菌体抗原与待检血清等量混合（0.03 毫升 + 血清 0.03 毫升），室温反应 4 分钟后，观察菌体与血清抗体的凝集反应；阳性牛发生凝集反应，液体变清亮、并出现凝集颗粒（图 3-7）。全乳环状试验是将新鲜全脂牛乳 1 毫升与 50 微升带有红色染料或蓝色染料的标准菌体抗原混合，置 37 ～ 38℃水浴中 60 分钟后观察结果，

图 3-1　流产母牛阴道分泌物清亮、带血、带白色黏稠物

若乳柱上层乳脂出现红色或蓝色环，而乳柱呈白色，界限分明，则可判为强阳性；乳柱上层无变化，乳柱颜色均匀则为阴性（图 3-8）。这是两种快速检测方法，灵敏度高但特异性差，易出现假阳性，因此，还需结合临床症状与流行病学（如接触过病牛）判断，或将阳性牛与可疑牛做进一步试管凝集反应和 ELISA 等确诊。

图 3-2　流产牛阴道流出带血分泌物

图 3-3　流产母牛阴道流出白色分泌物

图 3-4　流产母牛阴道流大量出白色微红分泌物

图 3-5　胎龄较大的流产胎儿

图 3-6　胎龄较小的流产胎儿

图 3-7　虎红平板凝集试验检测布鲁氏菌病

图 3-8　全乳环状试验检测布鲁氏菌病

（五）防控措施

1. 国家牛结核控制计划

牛布鲁氏菌病属于重大疫病，也是"国家中长期动物疫病防治规划（2012—2020年）"重点控制的16种病之一。牛布鲁氏菌病防治的考核目标如表3-1所示。

表 3-1　我国布鲁氏菌病防治中长期规划

"国家中长期动物疫病防治规划（2012-2020年）布鲁氏菌病防治考核指标"	
到 2015 年	到 2020 年
北京、天津、河北、山西、内蒙古、辽宁、吉林、黑龙江、山东、河南、陕西、甘肃、青海、宁夏、新疆15个省（区、市）和新疆生产建设兵团达到控制标准；其他区域达到净化标准	河北、山西、内蒙古、辽宁、吉林、黑龙江、陕西、甘肃、青海、宁夏、新疆11个省（区）和新疆生产建设兵团维持控制标准；海南岛达到消灭标准；其他区域达到净化标准

2. 综合防控

由于布鲁氏菌病的人兽共患特征，我国和世界各国均主要采取"免疫—检疫—扑杀"、移动控制和环境消毒等综合措施进行控制和净化，不治疗。

根据我国《布鲁氏菌病防治技术规范》规定，非疫区以监测为主；稳定控制区以监测净化为主；控制区和疫区实行监测、扑杀和免疫相结合的综合防治措施；种用、乳用动物的免疫按国家有关规定执行。

牛群只能从洁净区向污染区移动、低疫情地区向高疫情地区流动。牛只必须经检疫无病（无感染）后方可引入并群。引牛检疫包括在产地出售前1个月检疫无病和引入后隔离2个月检疫2次无病。检疫方法为：用虎红平板凝集试验或全乳环状试验做筛查，阳性或可疑牛用试管凝集反应、补体结合试验或ELISA确诊。根据血清抗体检测结果对牛群进行分类，血清检测阳性率2%以上为重度流行群；血清检测阳性率2%～0.5%的牛群为轻度流行群；血清检测阳性率0.5%以下、且病原监测阴性、患病动物均已无害化处理的牛群为控制群；连续3年满足：血清检测阳性率0.2%以下、病原监测阴性、患病、可疑家畜全部进行了无害化处理的牛群为稳定控制群；连续两年无患病和可疑牛的牛群为净化群。

流产病牛是最主要的传染源，病原菌可经多种途径感染。黏膜感染是最主要的侵入途径，包括眼结膜、呼吸道黏膜（如：带菌尘埃易使牛群经眼结膜及呼吸道感染，被毛加工人员易经黏膜感染）、消化道黏膜（如舔食带菌物品可造成口腔黏膜感染、饮用带菌牛奶可经消化道黏膜感染）、伤口感染、皮肤感染（毛孔和不易察觉到细微创伤均可感染）。

检疫为阳性的病牛须与同群牛隔离饲养，专人管理，按国家规定实行淘汰和无害化处理。鼓励自繁自养，培育健康牛群，做好环境控制和消毒工作，同时加强宣传，注意公共卫生和个人防护。

牛可使用的菌苗有3种：布氏杆菌猪种2号（S2）菌苗、布氏杆菌羊种5号（M5）菌苗、流产布氏杆菌A19号菌苗（表3-2）。疫苗使用时应遵照生产厂家的产品说明，口服接种时应注意防止接种人员感染疫苗菌株。A19免疫3～8个月犊牛，每4～5年一次；S2口服其他牛；S2全群口服，初免后1～3个月加强免疫一次，以后每年口服一次。疫苗产生的血清抗体滴度在接种6个月后降至很低，基本不被检出，可与自然感染相区别。由于疫苗对人具有一定的残余毒力，免疫时应注意个人防护。

表 3-2　布鲁氏菌病免疫疫苗的选择

疫苗特点与选择			
疫苗	A19	M5（M5-90）	S2
对象	牛	羊、牛	羊、牛、猪
途径	注射	注射、点眼	注射、口服
优点	保护率高；免疫期达5年	羊保护率高；免疫期长达5年	免疫密度高，安全性好，口服可用于怀孕动物；抗体反应弱
缺点	孕畜不安全；抗体反应强	孕畜不安全；抗体反应强	实验室试验保护率略低于A19、M5，每年免疫一次

四、牛流行热

（一）临床症状

牛流行热是由牛流行热病毒引起的牛的一种急性发热性传染病。患牛体温升高达 41～42℃，持续 2~3 天；精神沉郁，口边粘有泡沫或流涎，张口呼吸；流泪，结膜充血水肿；食欲减退或废绝；不爱活动，步态不稳，跛行，喜卧；大多数牛于高热期鼻腔流出透明黏稠分泌物，部分牛鼻镜干裂；瘤胃蠕动停止、肚胀、便秘或腹泻。呼吸促迫，气喘，心跳加快，严重呼吸困难者，可因窒息而死亡；产乳量减少，有些停止泌乳。妊娠牛发生流产、死胎，不流产的牛阴道流出液体。该病常为良性经过，发病率较高，但病死率较低。大部分病牛常在 2～3 日后恢复正常，故又称"三日热"或暂时热。部分病牛常因瘫痪而被淘汰，经济损失较大。

（二）剖检变化

牛流行热病死牛，剖检可见肺极度膨大，表现间质性肺气肿、水肿和充血，喉、气管、支气管内充满大量泡沫样液体。病程较长的患牛肝脏肿大，脾脏有多量出血点，心外膜严重出血，右心耳有多量出血点。

（三）临床实践

牛流行热主要依靠临床症状进行初诊，其流行特点主要是牛群中大多数牛突发高热，传播迅速，流涎，流泪，气喘，呼吸困难，跛行，喜卧甚至瘫痪。该病主要通过吸血昆虫叮咬健康牛而传播，所以，具有明显季节性，南方一般 7 月份开始流行，8～9 月为高发期。3～5 岁牛多发，犊牛和 9 岁以上的老牛很少发病。

（四）病例对照

按症状类型分成 4 组，1 组（图 4-1 至图 4-6）描述流涎和呼吸困难：病牛早期表现为流涎呆立，之后表现为张口呼吸和流涎。随着病程延长，病牛因关节疼痛而躺卧；2 组（图 4-7 至图 4-10）描述流泪和流鼻汁：病牛流泪，泪液清亮稀薄。鼻镜干，流清亮或脓鼻汁；3组（图4-11至图4-13）描述行走困难：表现为走路姿势僵硬，喜躺卧，后期可能不能行走，瘫痪；4组（图4-14至图4-16）描述流产：病牛可在妊娠不同时期出现流产。

图4-1　病奶牛流涎

图4-2　病牛站立，张口呼吸和流涎

图4-3　病牛躺卧，张口呼吸和流涎

图4-4　病牛肺气肿

图4-5　肺充血，淤血，气肿

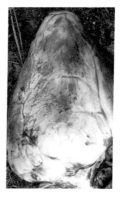

图4-6　心外膜出血

图 4-7　发病肉牛呆立，流涎

图 4-8　发病牛精神沉郁

图 4-9　病牛流泪

图 4-10　病牛鼻镜干燥，流脓性鼻汁

图 4-11　发病牛群大部分牛喜躺卧

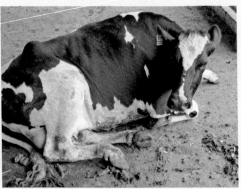

图 4-12　牛群躺卧，流涎

图 4-13　病牛行走姿势僵硬

图 4-14　病牛妊娠早期流产

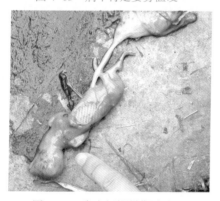

图 4-15　病牛妊娠早期流产

图 4-16　病牛妊娠中期流产

（五）防控措施

本病尚无特效药物，主要通过疫苗防疫，发病时进行对症治疗，同时做好灭蚊、蝇、蠓等吸血昆虫工作，消灭传播媒介。发病时加强消毒。

1. 疫苗接种

在流行季节到来之前 1～2 个月接种疫苗，第一次接种后 3 周再接种 1 次。免疫保护期为 6 个月。

2. 治疗

治疗原则是：早发现、早隔离、早治疗，合理用药，护理得当。治疗策略是：解热镇痛，强心利尿，消炎平喘，防止细菌性感染，恢复胃肠机能。一般用药 1～3 天。以下方案可供参考。

（1）对体温高、食欲废绝的病牛

可用 5% 的葡萄糖生理盐水 1 500～2 000 毫升/次，静脉注射，每日 2 次；

呼吸症状明显的牛要用控制量或改用 25% 高渗糖盐水 1 000 ～ 1 500 毫升 / 次；

用 30% 安乃近 30 ～ 50 毫升 / 次，或用百尔定 30 ～ 50 毫升 / 次，肌肉注射，每日 2 次；

10% 磺胺嘧啶钠液 100 毫升 / 次静脉注射，每日 2 次；

同时可使用酊剂改善患牛消化机能，如陈皮酊、苦味酊、杏仁酊等，用量为 50 ～ 100 毫升。

（2）对呼吸困难、气喘的病牛

肌肉注射或皮下注射尼可刹米注射液 10 ～ 20 毫升 / 次，或用 25% 氨茶碱 20 ～ 40 毫升，6% 盐酸麻黄素液 10 ～ 20 毫升，一次肌肉注射；

地塞米松 50 ～ 100 毫克 / 次与糖盐水 1 500 毫升 / 次混合，缓慢静脉注射（妊娠母牛慎重使用，易引起流产）；

输氧：初期速度宜慢，一般为 3 ～ 4 升 / 分，后期可控制在 5 ～ 6 升 / 分 为宜，持续 2 ～ 3 小时。

（3）对兴奋不安的病牛

可选用其中一种镇静剂，用法如下。

甘露醇或山梨醇 300 ～ 500 毫升 / 次静脉注射；

氯丙嗪 0.5 ～ 1 毫升 / 千克，一次肌肉注射；

硫酸镁 25 ～ 50 毫克 / 千克，缓慢静脉注射；

10% 磺胺嘧啶钠液 100 毫升 / 次静脉注射，每日 2 次。

（4）对瘫痪卧地不起的病牛

20% 葡萄糖酸钙 500 ～ 1 000 毫升 / 次，缓慢静脉注射；

25% 硫酸镁 100 ～ 200 毫升 / 次，静脉注射；

复方水杨酸钠溶液，静脉注射；或水杨酸钠溶液混合乌洛托品、安钠加静脉注射。

五、乳腺炎

（一）临床症状

乳腺炎是由病原微生物、环境和管理等多个因素引起、一个或多个乳区的炎症，局部表现为红、肿、热、痛、乳腺组织变性坏死和泌乳障碍，严重时伴有发热等全身反应，甚至急性死亡。环境和管理因素往往是病原微生物致病的诱因。

临床上常将乳腺炎分为如下几类。

1. 最急性乳腺炎

有明显的全身症状，一个乳区或多个乳区突然发炎，产奶量急剧下降，乳汁性状和成分发生改变，甚至呈水样，可能带血。

2. 急性乳腺炎

体温不升高或略升高，没有明显的全身症状，但乳腺有局部红、肿、热、痛等表现，乳汁性状和成分发生改变，奶产量下降。

3. 亚急性乳腺炎

全身症状不明显，乳腺的局部症状也不显著，但乳汁成分发生改变，乳汁通常表现为片状、絮状物、凝块或水样。

4. 慢性乳腺炎

奶牛产奶量长期持续降低，乳房触诊有硬块；发病时间长，后期可因炎症的转归，出现乳腺萎缩；或因症状加重，出现化脓；还有的反复发作。

5. 隐性乳腺炎

乳汁肉眼观察和乳腺触诊均无异常，只有通过乳汁的理化性质检测才能确定乳汁的变化，包括乳汁中体细胞数增加、牛奶中可培养出致病微生物等。

（二）剖检变化

乳腺炎牛很少做剖检，主要依靠临床检测、乳汁检测（体细胞数检测和电导率检测等）和细菌分离培养确诊，细菌药敏试验可通过筛选敏感药物指导临床治疗。

（三）临床实践

导致牛患乳腺炎的病因很多，包括非传染性因素（环境卫生不良、饲养管理不当、挤奶方法不正确等）和传染性因素两类。在传染性因素方面，已报道引起乳腺炎的致病菌共有150多种。这些乳腺炎病原菌一般可以分为两类：一类是接触传染性病原微生物，定殖于乳腺并通过挤奶员或挤奶机传播，包括无乳链球菌、停乳链球菌、金黄葡萄球菌和牛支原体等。另一类是环境性病原体，包括大肠杆菌、肺炎克雷伯菌、葡萄球菌等。对乳腺炎高效防控的前提是弄清该牧场发生乳腺炎的病因，并开展针对性治疗。

常见病原菌的致病特征和乳腺炎的临床特点见表5-1，可为临床诊断提供参考。

表5-1　常见病原体所致乳腺炎的临床特征

病原	分布	症状
无乳链球菌	乳房专性菌	呈临床性，很少有全身症状，间或发热，奶中体细胞增加，特别是在大桶乳中体细胞突然增多
停乳链球菌	乳房、乳头末端	最初挤出的乳中有片状、块状凝固，轻热，乳区肿、增温、捏粉感
乳房链球菌	牛体、乳房、环境中	发热、厌食，乳房肿、坚实、乳汁稀薄含凝乳块
金黄色葡萄球菌	乳头、乳房、扁桃体、阴道、不健康皮肤	体温升高至41℃以上，乳区硬，疼痛，跛行，毒血症。乳腺坏疽，患区皮肤发凉，与周围正常皮肤界线明显，颜色由粉红→红→紫→蓝色，出水疱，并流出浅红色液体。乳腺内有气体，挤出的奶呈水样、含凝乳块或絮状沉淀物。慢性病例乳腺纤维化，有小脓肿
大肠杆菌	分布于环境中，如褥草、粪便、运动场等	体温升高至40~42℃，全身症状明显，多伴低血钙、内毒素症、腹泻、脱水、战栗、蹄叶炎、休克；患区肿胀、增温、坚实、疼痛，乳汁稀薄为水样或无乳
凝固酶阴性葡萄球菌	皮肤、乳头及乳头管外口	奶产量下降，体细胞增高，头胎牛产后多发，乳区肿胀、硬，乳汁呈脓样
牛支原体	高度传染性致病菌，在牛奶中存活，引起临床型和隐性乳腺炎	突然发生临床型乳腺炎，开始在1个乳区，随后四个乳区，或四个乳区同时发生。乳房严重肿胀，乳腺迅速纤维化或萎缩
真菌	注药导管和注射器消毒不严，继发于治疗过的乳腺炎	全身症状轻微，患乳区弥漫性肿胀，成面团状，水肿，乳汁正常、稀薄或含凝乳块

体细胞数是衡量乳腺炎的常用指标，最急性乳腺炎牛奶中体细胞数大于 10 亿个 / 毫升，临床型乳腺炎牛奶中体细胞数大于 100 万个 / 毫升，隐性乳腺炎牛奶中体细胞数大于 25 万个 / 毫升。

大罐奶样体细胞数检测是早期发现乳腺炎的重要手段，其参考标准列于表 5-2。

表 5-2　大缸奶样乳腺炎监控

监控项目	优秀	良好
体细胞数（个 / 毫升）	100 000	200 000
细菌总数（菌落形成单位 / 毫升）	1 000	10 000
无乳链球菌（菌落形成单位 / 毫升）	无	无
其他链球菌（菌落形成单位 / 毫升）	无	少量
金黄色葡萄球菌（菌落形成单位 / 毫升）	无	少量
葡萄球菌属（菌落形成单位 / 毫升）	100	500
大肠杆菌（菌落形成单位 / 毫升）	10	100
牛支原体（菌落形成单位 / 毫升）	无	无

基于体细胞数的乳腺炎检测方法最常用的有加州乳腺炎检测法（CMT），因该方法首先在美国加利福尼亚州使用而得该名的一种乳腺炎检测试验。我国研制出了类似方法，如 BMT(北京奶牛研究所)、SMT(上海奶牛研究所)、HMT(黑龙江省兽医科学研究所)，以及 LMT(中国农科院兰州兽医研究所) 等。其基本原理是在表面活性物质（十二烷基磺酸钠）和碱性药物（氢氧化钠）作用下，乳中体细胞被破坏，释放出 DNA，进一步作用，使乳汁产生沉淀或形成凝胶，试剂用蓝色溴甲酚紫作指示剂。检测时将 4 个乳池的牛奶各 5 毫升分别挤入白色检测盘的 4 个杯中，加入等量 CMT 试剂，在水平位上轻轻转动混合液，摇匀，阳性乳将呈凝胶状黏稠，具体判断标准见表 5-3。

表 5-3　CMT 法的判定方法及标准

反应判定	被检乳	反应状态	体细胞数（万／毫升）
-	阴性	混合物呈液体状，倾斜检验盘时，流动流畅，无凝块	0 ～ 20
±	可疑	混合物呈液体状，盘底有微量沉淀物，摇动时消失	20 ～ 50
+	弱阳性	盘底出现少量黏性沉淀物，非全部形成凝胶状，摇动时，沉淀物散布于盘底，有一定的黏性	50 ～ 80
++	阳性	全部呈凝胶状，有一定黏性，回转时向心集中，不易散开	80 ～ 500
+++	强阳性	混合物大部分或全部形成明显的胶状沉淀物，黏稠，几乎完全黏附与盘底，旋转摇动时，沉淀集于中心，难以散开	>500

（四）病例对照

　　图 5-1 至图 5-7 为挤奶程序，正确的挤奶程序是预防乳腺炎的关键环节，包括清洁乳头、挤奶前和挤奶后消毒、正确安装挤奶器、根据脱杯后乳头形状判断挤奶机真空度等；图 5-8 至图 5-11 为乳腺炎检测和治疗；图 5-12 至图 5-17 为乳腺炎的各种临床症状。

图 5-1　挤奶前准备：毛巾和消毒药

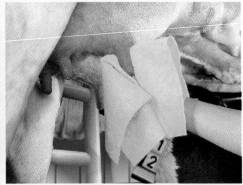

图 5-2　清洁乳头

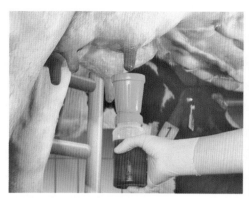

图 5-3　挤奶前后消毒

图 5-4　弃前三把奶

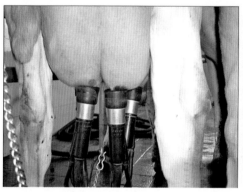

图 5-5　挤奶器安装正确

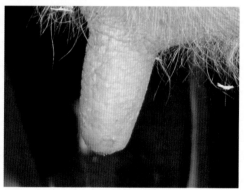

图 5-6　脱杯后正常乳头

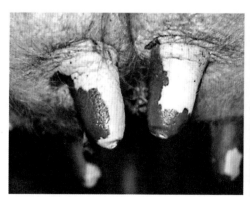

图 5-7　脱杯后非正常乳头（挤奶真空度过
　　　　高，造成乳头基部压痕）

图 5-8　CMT 法检测乳腺炎

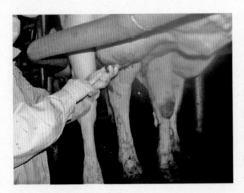

图 5-9　药物乳头灌注

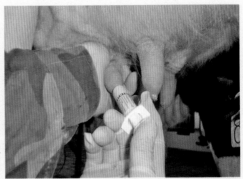

图 5-10　干奶药物注射

图 5-11　红霉素软膏封闭奶头

图 5-12　牛乳区红肿

图 5-13　乳房红肿，排白色黏稠脓性乳汁

图 5-14　乳腺化脓形成瘘管

图 5-15　乳腺脓肿

图 5-16　乳腺炎患牛乳汁中有大量凝块

图 5-17　急性乳腺炎牛死亡

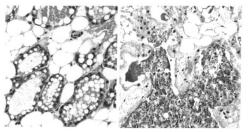

图 5-18　患乳腺炎乳腺组织病理学观
察。左图为健康乳腺，腺泡腔完整；
右图为患乳腺炎乳腺，腺泡腔破坏，
细胞浸润

（五）防控措施

1. 加强牛饲养管理和干奶期管理

乳腺炎是一个多因素疾病，所以，对乳腺炎的控制措施也应该是多方面的。乳腺炎的控制策略应该着眼于减少新的乳腺感染和清除现在已经存在的感染。乳腺炎的防治措施包括加强饲养管理、干乳期乳头里外的封闭、围产期乳头应用消毒剂消毒、围产期哺乳和环境中角蝇的控制。其他的一些措施包括对不同年龄的奶牛进行分群、禁止将乳腺炎牛奶饲喂给小牛。

2. 药物治疗

鉴于奶牛乳腺炎发生率极高，及早和正确使用抗生素治疗是一个较好的选择。体外采用药敏试验鉴定致乳腺炎乳汁病原菌对某些抗生素的敏感性，可以为临床正确选择抗生素提供参考。使用乳腺内灌注抗生素也是一种有效的治疗途径。抗生素治疗过程中要注意乳中抗生素的残留，含抗生素残留奶不能食用。

六、牛支原体肺炎

（一）临床症状

该病是由牛支原体引起的亚急性或慢性传染病，以肺部病变为主，伴发或继发结膜炎、关节炎、胃肠炎、耳炎等症状。常发生在新引入牛群，运达后2周左右发病。新生犊牛也可因吃含牛支原体的牛奶而感染发病。患牛初期体温升高，可至42℃，精神沉郁，食欲减退，流清亮或脓性鼻汁，眼流浆液性或脓性分泌物，随后出现咳嗽、气喘，清晨及半夜或一天中气温转凉时咳嗽剧烈。严重者食欲废绝。病程稍长时患牛明显消瘦，被毛粗乱无光。有的患牛继发腹泻，粪水样或带血和黏液。有的患牛继发关节炎，表现关节肿大、跛行等症状。病死率平均约为10%，严重者可达50%或更高。

（二）剖检变化

主要病变在胸腔和肺部。患牛鼻腔有大量的浆液性或脓性鼻液，气管内有黏性分泌液。胸腔积液，有淡黄色渗出物；心、肺与胸膜黏连；肺脏出现大小不同的红色肉变区，肉变区内散在大小和数量不等的白色化脓灶或黄色干酪样坏死灶，剖面可见脓汁或豆腐渣样内容物流出。心包积液。关节炎病牛关节腔积液，内有脓汁或干酪样坏死物。

（三）临床实践

牛支原体肺炎是宿主、病原和环境三因素共同致病的典型代表，环境因素主要为运输应激，运输途中气候恶劣、运输前、中、后的牛只饲养管理不当加剧发病，其他书籍提到的"运输应激综合征"、"船运热（shipping fever）"也有类似的发病背景。直接病原是牛支原体，但常继发和混合感染其他病原，如多杀性巴氏杆菌A型、化脓隐秘杆菌、溶血曼氏杆菌等。牛经纪人反复倒运牛只和长途运输降低牛抵抗力，促进该病的发生。

值得注意的是，牛的另一重要支原体病为牛传染性胸膜肺炎（简称"牛肺疫"），常与牛支原体肺炎混淆。牛肺疫是由丝状支原体丝状亚种小菌落型引起的一种高度接触性传染病，以高热、咳嗽、渗出性纤维素性肺炎和浆液纤维素性胸膜炎为特征。我国于1996年已消灭该病，2011年世界动物卫生组织（OIE）认可我国为无牛肺疫国家。

（四）病例对照

图6-1至图6-7为临床症状，包括流鼻汁、流泪、咳嗽、关节肿大、跛行、腹泻等症状；图6-8至图6-13描述不同程度的肺病变，包括肺局部小范围红色肉变（轻度）、较大范围的肉变、肉变区组织散布有化脓灶、干酪样坏死灶等；心包积液，心冠脂肪水肿（图6-14、图6-15）；关节腔积液，内有大量干酪样坏死物等（图6-16、图6-17）。

图6-1　病牛流鼻汁

图6-2　病牛流眼泪

图6-3　病牛沉郁，咳嗽

图6-4　病牛跛行

图6-5　病牛关节肿大

图 6-6 病牛腹泻，带血

图 6-7 病牛衰竭

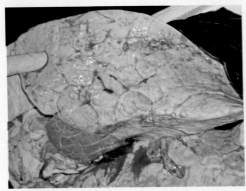

图 6-8 病牛肺局部小范围红色肉变区

图 6-9 病牛肺大面积红色肉变区

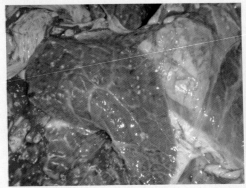

图 6-10 病牛肺红色肉变区散在白色化脓，
　　　　健肺代偿性肺气肿灶

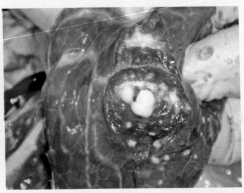

图 6-11 肺红色肉变区化脓灶内的白色脓液

图 6-12　肺红色肉变区散在大量黄白色干酪样坏死灶

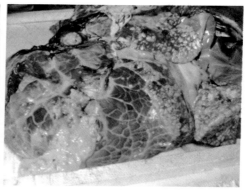

图 6-13　干酪样坏死灶内的豆腐渣样内容物

图 6-14　心包积液

图 6-15　心冠脂肪区胶冻样水肿

图 6-16　关节腔积液

图 6-17　关节腔有干酪样坏死物

（五）防控措施

尚无疫苗预防本病，主要依靠综合性措施，包括：加强运输前、途中和运达后过渡期的饲养管理，做好传染病的预防接种及驱虫工作（图6-18至图6-20）。以下措施可供参考。

1. 尽量就地买牛，避免长途运输。

2. 启运前准备

（1）牛舍准备

做好牛场环境设施、圈舍、饲料、饮水与防疫等相关准备；冬季牛舍应做好防寒或保温工作；夏季需通风降温。

进牛前牛舍需进行彻底空栏消毒，其基本程序是：一清、二扫、三洗、四消毒、五干燥；消毒完毕后，栏舍地面必须干燥3～5天，整个消毒过程不少于7天；消毒可用火碱或石灰乳等喷撒，按产品要求使用，2天后再用消毒液喷洒。

图6-18 装牛

图6-19 装车完毕，待运

图6-20 卸牛

（2）牛源地调研

疾病：购牛前，应调查拟购牛地区的疫病发生情况，禁止从疫区购牛。

环境：注意选购地的气温、饲草料质量、气候等环境条件，以便相应调整运输与运达后的饲养管理措施。为新进牛准备好干草和抗应激饲料。选购地的气温与目的地同一时间的气温差不宜超过15℃，选购地和目的地的合适气温在 8～32℃。

（3）选牛

待购牛应背景清晰，来自于管理规范的牛市或母牛养殖户/企业。此外，牛的防疫背景应清晰，可通过查验免疫记录等措施，确保待购牛处于口蹄疫等重要疫病的免疫保护期内。

（4）暂养

有条件情况下，可将选购牛在当地暂养几天，期间便于发现病牛，并做好抗运输应激的准备工作。

发现病牛：牛只选好后，应在当地周转牛舍内观察 3～5 天，及时发现、淘汰病牛。

合群适应：让新牛合群，相互适应。

抗应激料：调整饲料，补充抗应激成分。

预防用药：可适当使用抗应激药物（如启运前使用镇静安神药和长效抗生素等）。

3. 运输中管理

（1）装车

春、秋季：最佳季节，牛出现应激反应少，但春、秋是大部分病毒性传染病的高发期，应严防传染病的引入。

夏、冬季：夏季在运输车厢上安遮阳网；冬天运牛要在车厢周围装帆布。

车辆消毒：车辆要事先消毒，持有"动物及动物产品运载工具消毒证明"。

专业运牛：最好使用专业运牛车，尽量选用单层车，加装侧棚或顶棚，以避免吹风、淋雨、暴晒。

车辆护栏高度不低于 1.4 米。车厢内有防滑措施，如铺 15~20 厘米厚沙土，或均匀铺垫 20～30 厘米厚熏蒸消毒过的干草，或用草垫。

装车密度：不宜装得过满。参考标准：200～300 千克，0.6～0.8 平方米/头；300～400 千克，1～1.2 平方米/头、400 千克，1.2 平方米/头。可不拴系或适当固定，长角牛只必须固定，以避免开车前和刹车时站立不稳而造成伤害。

（2）途中护理

匀速：车速不超过 70 千米 / 小时，均速。转弯和停车均要先减速，避免急刹车。

检测牛群：每隔 2 ～ 3 小时应检查一次牛群状况，将趴卧的牛只及时扶起以防止被踩伤。

水、料：保证牛每天饮水 3 ～ 4 次，每头牛每天采食 5 千克左右优质干草。

疾病治疗：途中如有病牛滑倒扭伤、前胃迟缓、流产等，宜简易处理，如肌肉注射消炎、解热、镇痛药物，到达目的地后及时进行治疗。

4. 运达后调理

（1）入场时检查验收

车辆进行入场消毒，查证（检疫证、免疫证等）验物，现场进行疾病检查，确保所有指标合格。

（2）卸车和过渡饲养

用装牛台卸车，牛自行慢慢走下车，或用饲草诱导牛只下车，不能鞭打牛只、野蛮卸车。

隔离区过渡期约 1 个月。

进圈后休息 2 ～ 3 小时，给予适量饮水（2 ～ 3 升 / 头），饮水中加入葡萄糖、口服补液盐或电解多维，冬季切忌饮冰水。

卸车后至少 6 小时后，给少量优质干草。勿暴饮暴食。

打耳标和称重。如拴系舍饲，可按大小分群，同产地同批次牛最好拴在一起。

可全群注射一次长效抗生素，也可喂清热解毒、健胃类的中草药，以预防运输应激综合征的出现。

过渡期以粗饲料为主：第 1 天喂优质干草、限六成饱，第 2 天不限饲，以后逐渐增加精料量，第 3 周开始逐渐加料至正常水平。

最好采用抗应激饲料过渡，及时隔离治疗病牛。

待完全稳定后进行驱虫与免疫接种。

5. 治疗

牛支原体肺炎治疗的基本原则是：早发现，早诊断，早治疗，用足疗程和剂量。可选用药物包括达氟沙星、环丙沙星、盐酸左氧氟沙星、洛美沙星、托拉菌素、阿奇霉素、林可霉素、泰妙菌素（支原净）等，一般用药 10 ～ 14 天。同时，增加牛舍消毒次数，及时清除传染源。

七、牛产气荚膜梭菌病

（一）临床症状

由产气荚膜梭菌（旧称魏氏梭菌）引起的急性传染病，以突然发病死亡、严重出血性肠毒血症为特征，也称"猝死症"。最急性型病例无任何前驱症状，几分钟或几小时内突然死亡。死后腹部迅速胀大，舌脱出口外，口腔流出带有红色泡沫的液体。急性型病牛呼吸迫促，结膜发绀，口鼻流出白色或红色泡沫（图7-1、图7-2），步态不稳，狂叫倒地，四肢划动，最后死亡。部分患牛发生腹泻，频频努责，里急后重，排出大量含黏液的恶臭粪便。

（二）剖检变化

剖检以全身实质器官和小肠出血为特征。胸、腹腔积水（图7-3至图7-6）。心脏肿大、心脏肌肉变软，心房及心室外膜有出血斑点（图7-7至图7-9）。肺脏出血和水肿（图7-10）；肝脏呈紫黑色，有大面积坏死点，胆囊充盈，胆囊壁水肿（图7-11）。真胃出血，小肠黏膜明显出血，肠内容物为暗红色黏稠液体（图7-12至图7-14）。淋巴结肿大出血、切面褐色。

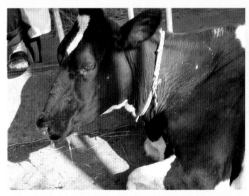 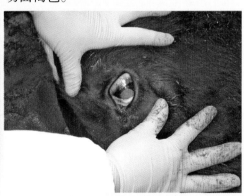

图7-1　病牛精神沉郁、流涎　　　　图7-2　病死牛眼结膜淤血

图 7-3　胸腔积液，能抽出大量胸水

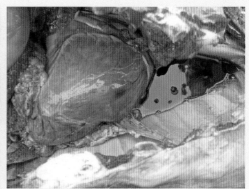

图 7-4　胸腔积液

图 7-5　腹腔积液

图 7-6　腹腔积液呈胶冻样外观

图 7-7　心外膜点状出血

图 7-8　心内膜出血点和出血斑

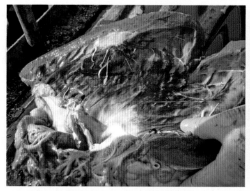

图 7-9　心内膜喷血状出血

图 7-10　肺出血

图 7-11　胆囊壁水肿

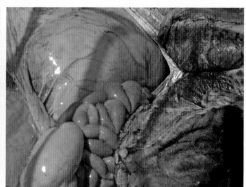

图 7-12　小肠出血

图 7-13　小肠严重出血

图 7-14　肠黏膜出血

（三）临床实践

牛产气荚膜梭菌病发病急，往往来不及治疗病牛就已死亡，发病率不高，但死亡率高。本病一年四季均可发生，但以春秋两季为主。

（四）病例对照

剖检病死牛可见多器官出血性败血症变化。

（五）防控措施

1. 治疗

发生本病时，往往来不及治疗。如有条件，可给病牛注射同型高免血清进行紧急治疗。

诊断为本病后，对未发病的同群牛进行预防性抗菌治疗。

病程稍长的病例，可采用以下治疗方案。

（1）全身治疗

治疗原则为：强心、补液、补能、止血。使用安钠加、高浓度葡萄糖、三磷酸腺苷二钠、维生素 C、B 族维生素等药实现强心、补液、补能；使用全身性止血药如止血敏、维生素 K 等或使用 25% 葡萄糖和 5% 氯化钙静脉注射进行止血。

（2）抗菌消炎

可用的抗生素有：青链霉素、林可霉素、庆大霉素、红霉素、氟哌酸类等。

（3）清理肠胃

灌服液体石蜡油缓泻。

2. 预防

本病的预防可进行产气荚膜梭菌（魏氏梭菌）疫苗免疫，用量用法按标签说明办。

平时的预防措施包括：加强卫生防疫，保持牛场清洁干燥，及时清扫粪便，定期用火碱（氢氧化钠）、生石灰、漂白粉等对运动场、棚舍、用具等进行消毒，并保持经常性的定期消毒。病死牛及其分泌物、排泄物一律烧毁或深埋，做无害化处理。用火碱、生石灰、漂白粉等对运动场、棚舍、用具等进行消毒，并保持经常性的定期消毒。

八、牛传染性鼻气管炎

（一）临床症状

牛传染性鼻气管炎是由牛传染性鼻气管炎病毒（又称"牛疱疹病毒Ⅰ型"）引起的急性接触性传染病，以发热和上呼吸道炎性变化临床症状为主，又称"坏死性鼻炎"或"红鼻子病"；但也可引起脑膜脑炎和生殖道感染。本病以肉牛多发，奶牛次之，其中，又以20～60日龄的犊牛最易感染。主要由飞沫经呼吸道传播，也可通过与病牛直接接触（如交配）经生殖道黏膜传播和眼结膜传播。吸血昆虫可传播本病。

根据临床症状不同可分为呼吸道型、结膜炎型、生殖道型、脑膜脑炎型和流产型共5种类型。

1. 呼吸道型

病牛高热，39.5～42℃，食欲降低甚至废绝，鼻黏膜高度充血，可见糜烂和溃疡；鼻窦及鼻镜红肿，鼻孔外有黏性鼻液；严重时出现咳、喘和呼吸困难。

2. 结膜炎型

病牛畏光、流泪，结膜高度充血、水肿，眼分泌物中混有脓液。

3. 生殖道型

公牛包皮肿胀或水肿；母牛阴道发炎，阴道底部和外阴见黏稠无臭的黏液。

4. 脑膜脑炎型

主要发生4～6月龄犊牛，表现为体温升高，精神沉郁，随后兴奋，可发生惊厥、倒地，磨牙，角弓反张，多数死亡。

5. 流产型

一般在妊娠四个月左右发生流产，流出胎儿全部为死胎。

（二）剖检变化

呼吸道型为主，患牛鼻腔和气管出现卡他性炎性变化，严重者出现出血性或纤维素坏死性炎症。病程稍长时可见支气管肺炎症状。常见结膜炎型常和呼吸道型同时出现（图 8-1 至图 8-11）。

流产胎儿有不同程度的自溶现象和皮肤水肿，肝脏和脾脏都有局灶性坏死。脑膜脑炎型患牛脑灰质与白质均有淋巴细胞性非化脓性脑炎变化。

（三）临床实践

血清抗体检测表明，牛传染性鼻气管炎在我国牛群中感染率很高，用血清抗体 ELISA 方法对来源于全国 29 个省市的 1 344 份奶牛血清进行检测，结果在 29 个省（市、自治区）中均检出了阳性血清，平均阳性率为 35.8%（481/1 344）；各省（市、自治区）的血清阳性率差别较大，从 12.1% ～ 77.8% 不等；总体来说，作为我国传统养牛区域的西部和北部的阳性率普遍高于东部和南部。但是，由于临床症状不特异，且通过病毒检测确诊该病又相对复杂，从而未引起足够重视。

（四）病例对照

图中照片主要以人工感染发病的症状加以说明，表现为牛呼吸道型和结膜炎型病变，可单独出现或同时出现。

图 8-1　病牛精神沉郁，鼻子发红

图 8-2　人工接种牛鼻镜干裂糜烂

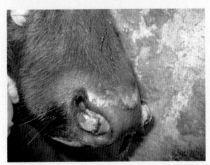

图 8-3　人工接种病毒后 3 天，病牛流稀薄的脓性鼻汁

图 8-4　接种病毒后 5 天，病牛流黏稠脓性鼻汁，鼻黏膜糜烂

图 8-5　接种病毒后 5 天，病牛流黏稠脓性鼻
　　　　汁，眼流稀薄清亮眼泪

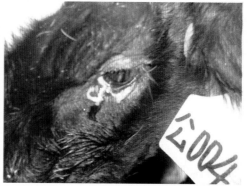

图 8-6　稍后期眼流黏稠脓性眼泪

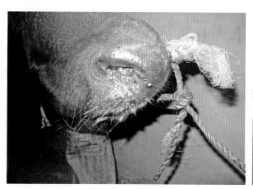

图 8-7　鼻外侧黏膜糜烂，鼻腔内部黏膜潮红

图 8-8　眼结膜潮红

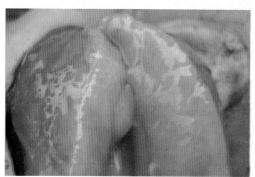

图 8-9　扁桃体水肿

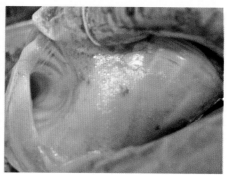

图 8-10　气管内有大量泡沫，黏膜充血

图 8-11　严重和病程较长时，肺充血水肿（左）

（五）防控措施

1. 预防

（1）检疫

传染性鼻气管炎病毒侵入牛体后，常在三叉神经节等部位潜伏，导致持续感染，成为传染源。防控措施是实行严格检疫，防止引入病毒。不从疫区引进牛。从国外引进的牛，必须按照规定隔离 70 天，临床观察和血清学试验证明未被感染后方准入境。从境外引进种公牛和精液，必须经检验无牛传染性鼻气管炎病毒感染，阳性牛不能引入和作种用。

（2）免疫

多个国家通过疫苗免疫犊牛结合隔离、封锁、消毒等综合措施有效控制和净化了牛传染性鼻气管炎。现有疫苗种类包括常规弱毒疫苗、灭活疫苗、基因缺失标记的弱毒疫苗和灭活疫苗。国际上推荐使用基因缺失标记疫苗，一是安全，二是可鉴别疫苗免疫牛和自然感染牛。国际市场上有牛传染性鼻气管炎 tk/gE 双基因缺失疫苗，疫苗株不表达 gE 基因，因而不能产生针对 gE 蛋白的抗体。疫苗免疫后同时检测血清中针对病毒蛋白 gB 和 gE 的抗体，如果 gB 抗体阳性、gE 抗体阴性，则表明牛体针对牛传染性鼻气管炎的免疫反应是由疫苗免疫引起的。我国已成功研制了牛传染性鼻气管炎 tk/gG 双基因缺失疫苗。

2. 治疗

本病无特效治疗方法，可用抗生素或磺胺类药物预防和治疗继发感染，同时，可根据病情进行对症治疗。

九、牛病毒性腹泻–黏膜病

（一）临床症状

本病是由牛病毒性腹泻–黏膜病病毒 1 型和 2 型引起的、牛的一种接触性传染病，以腹泻和消化道黏膜坏死、糜烂或溃疡为主要临床特征。该病毒也常导致持续感染。病牛和持续感染牛及康复带毒牛是主要传染源，病毒经黏膜（口腔、鼻、消化道和生殖道）入侵牛体，经血液或淋巴循环分布到全身。6 ～ 18 月龄牛最易感，妊娠母牛感染可致流产、早产、死胎、弱胎和屡配不孕。

根据临床症状可分为腹泻型和黏膜病型。

1. 腹泻型

较常见。体温升高，白细胞减少，腹泻，呼吸症状，流产。

2. 黏膜病型

根据病程可分为急性和慢性过程。

（1）急性型

常见于幼犊，常突然发病，体温升高达 40 ～ 42℃，血液白细胞减少，厌食，精神委顿，腹泻，一般粪为水样，有恶臭，含有黏液及血液。口腔黏膜出现糜烂，之后糜烂融合成大片坏死。

（2）慢性型

持续感染牛。犊牛生长发育不良，鼻镜糜烂，糜烂可连成一片。眼常有浆液性分泌物，门齿齿龈发红，但口腔黏膜很少出现糜烂。蹄叶炎或趾间皮肤糜烂可致跛行。间歇性腹泻，后期便中带血，并有大量的黏膜。母牛产奶量下降。

（二）剖检变化

病变主要在消化道和淋巴结。黏膜病型表现为鼻镜、鼻孔、口腔、食道、胃肠黏膜糜烂（图 9-1 至图 9-12）。食道黏膜有形状和大小不规则的烂斑，呈线状纵行排列。皱胃黏膜炎性水肿和糜烂。小肠和大肠出现急性卡他性或出现出血性、溃疡性以至不同程度的坏死性炎症；腹泻型主要为肠道变化，小肠和大肠出现急性卡他性或出现出血性炎性变化，肠系膜系巴结肿大、出血。

（三）临床实践

患病牛及带毒牛可通过鼻汁、唾液、精液、尿液、眼泪和乳汁不断向外界排毒。主要通过消化道与呼吸道传播，也可经胎盘传播。健康牛摄食被病毒污染的饲料、饮水可被感染。持续感染是导致免疫抑制的重要原因，使感染牛更容易遭受致病细菌的二次感染，引发肺炎等一系列呼吸道疾病；或导致其他病的疫苗免疫失败。

（四）病例对照

照片显示病牛精神沉郁，发育不良，剧烈腹泻，粪便稀（图9-1），带黏液（图9-2）或血液（图9-3），后期病牛虚弱，不能站立（图9-4）；流鼻汁、流浆液性眼泪（图9-5）；齿龈发红（图9-6）；肠系膜淋巴结水肿、充血淤血（图9-7，图9-8）或出血（图9-9）；肠黏膜充血淤血（图9-10）或出血（图9-11）；真（皱）胃黏膜溃疡（图9-12）；慢性型趾间皮肤糜烂（图9-13）。

图9-1 病牛消瘦腹泻，粪稀

图9-2 稀粪带黏液和血丝

图9-3 稀粪带血

图9-4 患牛虚弱，严重腹泻

图 9-5　鼻流脓性鼻汁，眼有浆液性分泌物，腹泻

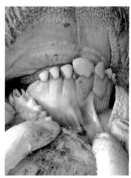

图 9-6　齿龈发红

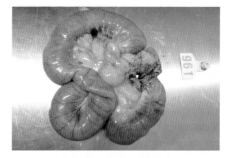

图 9-7　肠管出血，肠系膜淋巴结水肿

图 9-8　肠系膜淋巴结水肿，充血淤血

图 9-9　肠系膜淋巴结出血

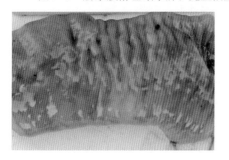

图 9-10　小肠黏膜充血淤血溃疡

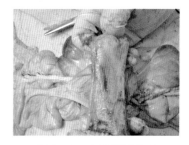

图 9-11　小肠黏膜出血

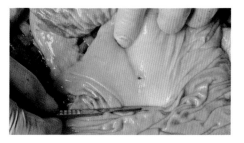

图 9-12　真胃黏膜溃疡

图 9-13　慢性型趾间皮肤糜烂

（五）防控措施

1. 疫苗免疫

（1）活疫苗

主要应用于育肥牛和小母牛。优点是：生产成本低，免疫持续期长，接种后不良反应较轻，接种剂量次数少，副反应低；缺点：对怀孕牛不安全，毒力返强，活的病毒经胎盘传染，持续性感染牛引起黏膜病。

（2）灭活疫苗

主要用于怀孕和犊牛。优点是安全；缺点：成本较高，免疫保护期短，多剂量，多次数接种，副反应大。

2. 检测检疫

欧洲一些国家从 20 世纪 90 年代开始实施根除控制计划，主要是严格检测和清除持续感染牛，隔离和淘汰传播源；加强饲养管理，坚持自繁自养，不从疫病区购牛；对新购牛需进行严格检测，确保引进牛健康；加强公牛检疫，不引入和使用持续感染牛或牛的精液。定期对全群牛进行血清学检查，以便及时掌握本病在牛群中流行状况。如发现有少数牛抗体阳性出现时，应将其淘汰，以防病情扩大。

3. 治疗

一旦发现该病，采取隔离治疗或急宰淘汰。本病无特效治疗方法，主要进行对症治疗。针对腹泻病例，通过收敛、补液、补盐、强心等措施减轻病情，并通过广谱抗生素防止继发感染。

十、牛血孢子虫病

（一）临床症状

　　牛血孢子虫病又称梨形虫病，旧称焦虫病，是指一类经硬蜱传播、巴贝斯虫或泰勒虫引起的血液原虫病的总称。虫体常寄生于红细胞内，泰勒虫又可以寄生于淋巴结内，以贫血和发热为临床特征。主要包括牛的巴贝斯虫病、牛的泰勒虫病和边虫病等。其中，牛的巴贝斯虫病主要包括双芽巴贝斯虫病、牛巴贝斯虫病和东方巴贝斯虫病；牛的泰勒虫病主要有牛环形泰勒虫病、瑟氏泰勒虫病、中华泰勒虫病。在我国流行较广的主要有双芽巴贝斯虫病、牛巴贝斯虫病、东方巴贝斯虫病、牛环形泰勒虫病和牛瑟氏泰勒虫病。牛环形泰勒虫病主要发生于舍饲牛，其余四种病主要发生于放牧牛。边虫病又称无浆体病，研究较少，该病常呈慢性经过，以贫血、黄疸、营养不良等为主要特征，但急性发病时也可造成患牛死亡，传播边虫病的蜱的种类多于20种。

　　牛巴贝斯虫病是由于虫体寄生于红细胞内所引起的血液原虫病，以高热（40～42℃）贫血、黄疸和血红蛋白尿（尿的颜色可由淡红色变为棕红色甚至黑红色，又称"红尿热"）为主要特点，且常为几种巴贝斯虫的混合感染。

　　牛泰勒虫病是由于虫体寄生在红细胞和淋巴细胞内引起的血液原虫病，以高热（40～42℃）、贫血、黄疸、体表淋巴结肿大为主要特征，无血尿症状。

　　常见血孢子虫病的临床特征总结于表10-1，但其确诊主要依靠采集抗凝全血，进行病原学检测，包括检查血细胞内虫体或检查虫体核酸等。

表 10-1　牛常见血孢子虫病的临床特征比较

病名	流行特点	主要症状
双芽巴贝斯虫病	主要流行于南方，经微小牛蜱传播，发病高峰期为 7～9 月，各种年龄牛都可发病，2 岁以下牛和放牧牛多发	潜伏期 8～15 天，发热（40～42℃），呈稽留热，贫血，黄疸，血红蛋白尿
牛巴贝斯虫病	经微小牛蜱传播，黄牛 5、7、9 月为发病高峰期，1～7 月龄多发，放牧牛多发	潜伏期 4～10 天，发热（41℃），呈稽留热，贫血，黄疸，血红蛋白尿
牛环形泰勒虫病	1～3 岁的舍饲牛多发，经残缘璃眼蜱和小亚璃眼蜱传播，6～8 月为发病高峰。	发热（40～42℃），呈稽留热；体表淋巴结肿大（肩前和腹股沟），触诊时有痛感，眼和尾根有溢血斑，贫血、黄疸。
牛瑟氏泰勒虫病	放牧牛多发，经长角血蜱传播，6～7 月和 9 月为发病高峰期	病程稍长，常在 10 天以上，发热、贫血、黄疸，症状缓和，病死率低，应激环境（过度使役、饲养管理不当、长途运输等不良条件）促进病情恶化

（二）剖检变化

牛双芽巴贝斯虫病和牛巴贝斯虫病主要表现为贫血，黄疸，脾肿大和血红蛋白尿，而牛环形泰勒虫病和牛瑟氏泰勒虫病主要表现为贫血、黄疸、全身淋巴结肿大（表 10-2）。

表 10-2　牛四种血孢子虫病的剖解变化比较

病名	巴贝斯虫病		泰勒虫病	
	牛双芽巴贝斯虫病	牛巴贝斯虫病	牛环形泰勒虫病	牛瑟氏泰勒虫病
病理变化	贫血，黄疸，血液稀薄如水，脾肿大 2～3 倍，肝、肾肿大，膀胱内充满血红蛋白尿	脾病变最明显，脾肿大甚至破裂；贫血，黄疸，肝黄染肿大，膀胱内贮有血红蛋白尿	全身性出血和全身性淋巴结肿大；血稀薄；肾肿大、质软、有粟粒大暗红色病灶；肝肿大，质脆，灰红；皱胃黏膜有溃疡斑	消瘦，可视黏膜苍白，皮下组织作浆膜轻度黄染，有出血点；血液稀薄，血凝不良；肝、脾肿大，心脏增大，心肌土黄色，心冠脂肪黄色胶样浸润；皱胃、小肠有出血点，肠系膜淋巴结出血

（三）临床实践

本病有明显的季节性和地区性，发病季节与蜱（本病由硬蜱传播）的活动季节有密切关系，以后逐渐平息。

根据流行病学调查、临床症状和病理解剖特点可作初步诊断，但确诊必须采血涂片用姬姆萨液染色，查血液虫体或淋巴结穿刺查石榴体（大裂殖体和小裂殖体），或结合 PCR 等分子生物学手段联合确诊。常用 PCR 方法主要针对18SrRNA 基因和内部转录间隔区（ITS）序列，因为该方法灵敏度高、特异性好，是镜检法的辅助方法，甚至替代方法。

（四）病例对照

照片说明该类病的基本过程，图 10-1 至图 10-6 为患牛的临床症状，显示贫血、黄疸、血红蛋白尿、体表淋巴结肿大等症状和病理变化；图 10-7 至图 10-12为血液涂片染色检测到的虫体形态；图 10-13 至图 10-17 为传播媒介蜱的形态；图 10-18 为黄牛体表寄生的蜱。

图 10-1　腹股沟淋巴结肿大

图 10-2　患牛消瘦，精神沉郁，腹泻

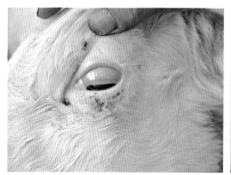

图 10-3　患牛贫血症状：眼结膜苍白

图 10-4　患牛拉煤焦油样稀便

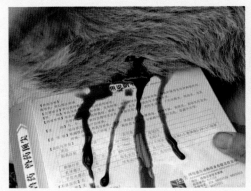

图 10-5　患牛血液稀薄

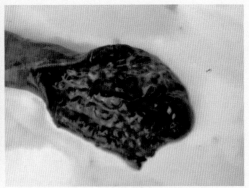

图 10-6　环形泰勒虫致小肠黏膜出血坏死

图 10-7　血红蛋白尿量呈酱油色或茶色

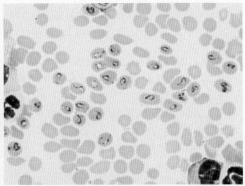

图 10-8　牛红细胞内的牛双芽巴贝斯虫

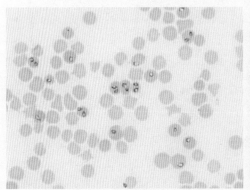

图 10-9　牛红细胞内的牛巴贝斯虫

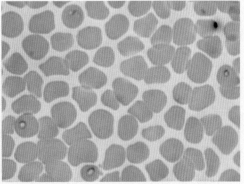

图 10-10　水牛红细胞内的东方巴贝斯虫

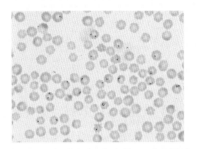

图 10-11　牛红细胞内的环形泰勒虫

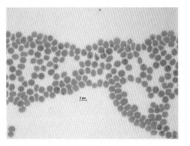

图 10-12　牛红细胞内的瑟氏泰勒虫

图 10-13　牛边缘无浆体

图 10-14　微小牛蜱

雌　　　　雄

图 10-15　雌、雄残缘璃眼蜱。
大蜱为雌蜱，小蜱为雄蜱

雌　　　　雄

图 10-16　雌、雄长角血蜱。左图
为雌蜱，右图为雄蜱

雌　　　　雄

图 10-17　雌、雄镰形扇头蜱。左
图为雌蜱，右图为雄蜱

图 10-18　黄牛体表寄生了大量蜱

（五）防控措施

1. 治疗

（1）巴贝斯虫病的治疗

咪唑苯脲：皮下或肌肉注射，每次按每千克体重 2 毫克剂量，1 日 1 次，必要时可连续应用 2 ～ 3 次。休药期 28 天，即用药后 28 天内的奶、肉不能食用。

贝尼尔（三氮脒）：每次按每千克体重黄牛 3 ～ 7 毫克剂量、奶牛 2 ～ 5 毫克、水牛剂量 7 毫克，一般制成 5% ～ 7% 的注射液进行深部肌肉注射。水牛只注射 1 次，黄牛和奶牛隔日 1 次，连续 2 次。水牛对贝尼尔敏感，用药 1 次常较安全，连续使用可能出现中毒甚至死亡。

黄色素（盐酸吖啶黄）：每次按每千克体重 3 ～ 4 毫克剂量，肌肉注射，一般用药不超过 2 次，间隔 1 ～ 2 日。

轻微中毒者，停药 1 ～ 4 小时后中毒症状将自行消失，严重中毒者可用阿托品解毒，每次按每千克体重 0.5 ～ 1 毫克剂量，皮下或肌肉注射，但妊娠母牛禁用。新斯的明或毛果云香碱可解阿托品中毒。

（2）泰勒虫病

贝尼尔：同前述。

磷酸伯氨喹啉：为泰勒虫病的特效药，使用剂量为每千克体重 0.75 ～ 1.5 毫克，每日口服一次，连续 3 天。

（3）无浆体病

土霉素：治疗本病的特效药物。按每千克体重 30 毫克剂量肌肉注射，每日 1 次，共 1 ～ 2 次。

对于严重贫血的衰弱病牛，根据病情做输液补充能量，或注射 10% 安钠加 20 ～ 50 毫升（2 ～ 5 克）强心。

2. 灭 / 避蜱

基本措施包括：圈舍灭蜱；有计划地进行野外灭蜱；在蜱活动高峰期在无蜱的环境中舍饲；轮换牧场；牛只调动选择无蜱活动的季节。

可采用药物灭蜱，也可手工除蜱，灭蜱模式大致如下。

（1）消灭牛体上的幼蜱

在 2 ～ 3 月药物灭蜱一次，隔 7 ～ 15 天再进行一次。

（2）圈舍灭蜱

在 10 ～ 11 月，用杀虫药水溶液喷洒圈舍的墙壁、牛栏和砖缝，消灭环境中的幼蜱。

（3）灭虫药物

伊维菌素或阿维菌素：按每次每千克体重 0.2 毫克剂量，皮下注射。休药期 35 天，即用药后 35 天内的奶、肉不得食用。

溴氰菊酯（敌杀死）：常用剂型为 5% 溴氰菊酯乳油（又称倍特），用棉籽油做 1：（1 000～1 500）稀释后，进行全身喷淋或药浴，喷淋时以被毛湿透为度。

蝇毒磷：常用剂型是 20% 蝇毒磷乳油，使用时 400 倍稀释至终浓度为 0.05%，全身喷淋或药浴。

敌百虫：0.5% 敌百虫溶液全身喷淋或药浴。

3、解毒

蝇毒磷或敌百虫等有机磷药物毒性较大，使用时必须按要求稀释，万一发生中毒，必须立即用阿托品、解磷定或双复磷等药物解毒。

（1）中毒症状

有机磷农中毒时主要表现为：全身肌肉痉挛，吐白沫，磨牙，流涎，黏膜发绀，呼吸困难，瞳孔缩小至线状，眼球震颤，对光反射减弱，食欲减退至消失，不反刍，腹胀，瘤胃臌气，全身出汗，体表的牛皮蝇不断落地而中毒死亡。有时表现兴奋、转圈。

（2）治疗措施

阿托品：剂量为每次每千克体重 0.5～1 毫克，皮下、肌肉或静脉注射，每隔 1 小时 1 次，至症状消失后，隔 1～4 小时注射 1 次。严重中毒时，应与解磷定配合使用。

解磷定或氯磷定：剂量均为每次每千克体重 15～30 毫克，配制成 2.5%～5% 的水溶液静脉注射。

输糖补液：静脉滴注 10% 葡萄糖 500 毫升，5% 含糖盐水 2 000 毫升，10% 安钠咖注射液 20 毫升，维生素 C 注射液 5 000 毫克，间隔 3～4 小时 1 次。

镇静安神：兴奋不安时注射盐酸氯丙嗪，剂量为每次每千克体重 0.5～1 毫克，肌肉或静脉注射。

强心：心衰时使用肾上腺素，剂量为每次每千克体重 2~5 毫克，皮下或肌肉注射。急救时，用生理盐水或葡萄糖液将注射液稀释 10 倍后，作静脉注射。

瘤胃放气：瘤胃臌气时需及时用瘤胃穿刺方法放气。

加强护理：用 5% 肥皂水洗涤体表，温水反复冲洗消除毒物。

主要参考文献

［1］Qi J, Guo A, Cui P, et al. Comparative Geno-Plasticity Analysis of Mycoplasma bovis HB0801 (Chinese Isolate) [J]. PLoS One. 2012,7(5):e38239.

［2］Yan BF, Chao YJ, Chen Z, et al. Serological survey of bovine herpesvirus type 1 infection in China [J]. Vet Microbiol. 2008，Feb 5,127(1-2):136-141.

［3］Zhang M, Fu S, Deng M, et al. Attenuation of bovine herpesvirus type 1 by deletion of its glycoprotein G and tk genes and protection against virulent viral challenge [J]. Vaccine. 2011,29(48):8 943-8 950.

［4］陈溥言.兽医传染病学（第5版）[M].北京：中国农业出版社，2006.

［5］陆承平.兽医微生物学（第5版）[M].北京：中国农业出版社，2013.

［6］郭爱珍，殷宏，张继瑜.肉牛常见病防制技术图册 [M].北京：中国农业科学技术出版社，2013.

［7］朴范泽.兽医全攻略—牛病 [M].北京:中国农业出版社,2009.

［8］石磊,龚瑞,郭爱珍,等.肉牛传染性牛支原体肺炎流行的诊断 [J].华中农业大学学报,2008,27(5):629-633.

［9］阎继业.畜禽药物手册 [M].北京:金盾出版社,2001.